Emre Aydemir
İnci Bilge

Fontes de energia renováveis

Emre Aydemir
İnci Bilge

Fontes de energia renováveis

(energia solar, eólica, geotérmica, da biomassa, das ondas, dos oceanos e do hidrogénio)

ScienciaScripts

Imprint
Any brand names and product names mentioned in this book are subject to trademark, brand or patent protection and are trademarks or registered trademarks of their respective holders. The use of brand names, product names, common names, trade names, product descriptions etc. even without a particular marking in this work is in no way to be construed to mean that such names may be regarded as unrestricted in respect of trademark and brand protection legislation and could thus be used by anyone.

Cover image: www.ingimage.com

This book is a translation from the original published under ISBN 978-620-7-64167-3.

Publisher:
Sciencia Scripts
is a trademark of
Dodo Books Indian Ocean Ltd. and OmniScriptum S.R.L publishing group

120 High Road, East Finchley, London, N2 9ED, United Kingdom
Str. Armeneasca 28/1, office 1, Chisinau MD-2012, Republic of Moldova, Europe
Printed at: see last page
ISBN: 978-620-7-73825-0

Fontes de energia renováveis

(energia solar, eólica, geotérmica, da biomassa, das ondas, dos oceanos e do hidrogénio)

Emre AYDEMÍR, ínci BÍLGE

Índice

Introdução

O número de pessoas está a aumentar rapidamente todos os dias em todo o mundo. Quando este rápido aumento é analisado, na declaração feita pelo UNFPA das Nações Unidas (ONU), foi determinado que a população mundial era de aproximadamente mil milhões no início do século XIX e que o número de pessoas no mundo atingiu 1,5 mil milhões em 1900. Nos anos 2000, a população mundial aumentou para cerca de 6,1 mil milhões.

Para hoje; de acordo com o Relatório de Estimativas da População Mundial elaborado pela Organização das Nações Unidas (ONU), o número de pessoas em todo o mundo em 2016 situava-se entre 7,3 e 7,4 mil milhões, e este número aumentou para cerca de 7,6 mil milhões em 2018, com um aumento médio anual de 1,09%. Foi afirmado que ultrapassa os mil milhões.

Além disso, na declaração feita pela Organização das Nações Unidas (ONU), afirmaram que, de acordo com o relatório intitulado "Expectativa da População Mundial", a população mundial, que é atualmente de cerca de 7,7 mil milhões, atingirá 8,6 mil milhões em 2030 e 9,1 mil milhões em 2040. A população mundial, que atualmente é de 7,7 mil milhões de pessoas, atingirá 8,6 mil milhões em 2030 e 9,1 mil milhões em 2040. A população mundial, que atualmente é de 7,7 mil milhões, atingirá 8,6 mil milhões em 2030 e

9,1 mil milhões em 2040. Esta população crescente no mundo requer energia indispensável em todos os aspectos e momentos da vida quotidiana.

A Agência Internacional da Energia declarou que a quantidade de energia

produzida a partir de fontes de energia no mundo em 2015 foi de 24 097,7 TWh, a quantidade de consumo de energia per capita foi de 1,9 TEP e o consumo de energia eléctrica foi de 3026 kWh.

A China ocupa o primeiro lugar entre os países que consomem mais energia eléctrica no mundo. Seguem-se países como os EUA, o Japão e a Rússia (IEA, 2017).

Com esta quantidade crescente de energia, a utilização de resíduos orgânicos e gases como fontes de energia renováveis tem aumentado nos últimos anos (Masnadi et al. 2015).

A Agência Internacional da Energia (AIE) declarou que a bioenergia constitui atualmente cerca de 9% do abastecimento de energia primária a nível mundial. Além disso, está entre as mais importantes fontes de energia renovável. Mesmo excluindo a utilização da biomassa tradicional, é cinco vezes superior à energia eólica e solar fotovoltaica. Em 2015, foram consumidos cerca de 13 EJ de bioenergia, o que representa aproximadamente 6% do consumo mundial de calor. Nos últimos anos, a produção de bioenergia aumentou de forma particularmente rápida com um elevado apoio político em estudos (IEA, 2017). Noutra declaração, afirmaram que, de acordo com a Agência Internacional de Energias Renováveis, a capacidade global instalada para a produção de eletricidade a partir do biogás mais do que duplicou no período entre 2010 e 2019 (IRENA, 2019).

Produção e consumo mundial de energia

Quando examinamos a produção de energia em todo o mundo nos últimos anos, por exemplo; Foi declarado que a produção de energia primária foi um total de 13.790 milhões de TOE (milhões de toneladas de petróleo equivalente) em 2015 (IEA, 2017). Foi determinado que esse valor aumentou 0,6% em relação a 2014 (IEA, 2017).

Quando se examina este montante de produção, verifica-se que a maioria dos combustíveis fósseis é constituída por petróleo (4416,26 milhões de toneladas),  carvão (3871,53 milhões de toneladas) e gás natural (2975,71 milhões de toneladas) (IEA, 2017).

Foi referido que este montante de produção foi proveniente do petróleo, com uma grande quota de 33,3% da energia produzida em 2016. Para além disso, o carvão consumiu 28,1%, o gás natural 24,1%, a energia hidráulica 6,9%, a energia nuclear 4,5% e as fontes de energia renováveis 3,2%.

A quantidade total de consumo de energia no mundo no final de 2016 foi de 13,147 biliões de TOE (ETBK, 2017).

Dentro deste consumo, o sector dos transportes foi o maior consumidor de energia em 2016, e o sector industrial ficou em segundo lugar com uma taxa de 31% (IEA, 2017).

Verifica-se que este montante de produção e consumo tem vindo a aumentar ao longo dos anos. Prevê-se também que a população mundial atinja os 8,5 mil milhões de habitantes em 2030 e que seja  necessário fornecer energia a mais 1,5 mil milhões de pessoas (PI, 2017).

De acordo com o relatório "Global Bioenergy Statistics" da WBA, os combustíveis fósseis constituem aproximadamente 81% da energia total utilizada em todo o mundo. O petróleo ocupa o primeiro lugar entre os combustíveis fósseis, seguido do carvão e do gás natural (WBA, 2017). De acordo com o relatório "World Global Bioenergy Statistics 2017" publicado pela WBA, o fornecimento global de energia aumentou 2,2% ao ano entre 2000 e 2014 (WBA, 2017). O carvão e o gás natural foram as fontes com os maiores aumentos, com 3,8% e 2,4%, respetivamente. O rácio de fontes de energia renováveis no fornecimento total de energia entre os mesmos anos foi; Aumentou 2,8% anualmente e subiu para 14,1% em 2014. O fornecimento de energia nuclear, em particular, foi a única fonte de energia que diminuiu a nível mundial. Nos últimos anos, foram efectuados investimentos significativos na produção de energia com base em fontes de energia renováveis, aumentando assim a diversidade das fontes de energia.

De acordo com o relatório da Agência Internacional de Energia, os países com o maior rácio de fornecimento de ER no fornecimento total de energia primária em 2014 foram a Noruega, o Brasil e a Nova Zelândia, respetivamente. De acordo com o relatório, os países com a maior oferta de BE são: Brasil, Finlândia, Dinamarca, Suécia e Áustria (IEA, 2017).

Fontes de energia

Os recursos energéticos dividem-se em dois tipos: os recursos energéticos não renováveis e os recursos energéticos renováveis, consoante a sua utilização. As fontes de energia não renováveis são os recursos fósseis. Os recursos energéticos renováveis são obtidos a partir de fontes que se podem repetir na natureza. Entre as fontes de energia renováveis, a biomassa é queimada diretamente ou melhorando a qualidade do combustível através de vários processos e obtendo biocombustíveis alternativos com propriedades equivalentes aos combustíveis existentes; é avaliada em tecnologia energética. A biomassa residual (fezes de animais, resíduos florestais e agrícolas, resíduos urbanos, etc.) é tradicionalmente utilizada para cozinhar ou aquecer em muitas partes do mundo. Embora os recursos de biomassa possam ser utilizados diretamente como combustível, são também muito adequados e têm um elevado potencial para a produção de biogás, biocarvão e biodiesel.

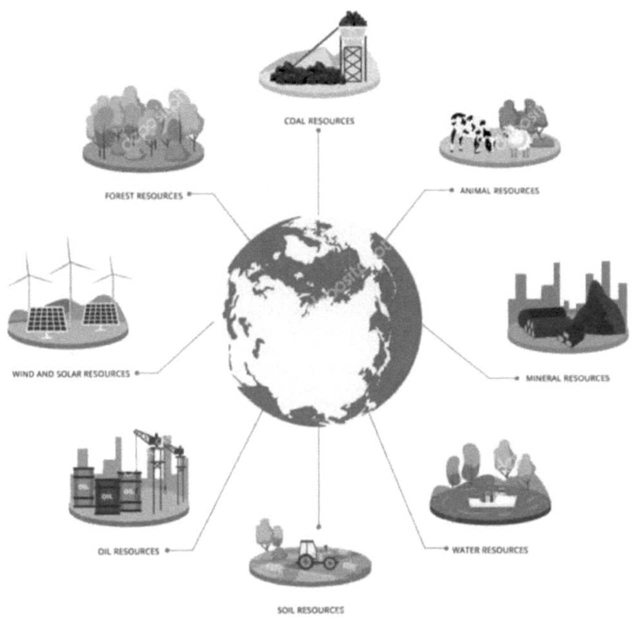

Os recursos energéticos são divididos em recursos primários e secundários de acordo com a sua convertibilidade. (Nações Unidas, 2011).

Fontes de energia primária

As fontes de energia primária são recursos que existem na natureza e que se podem repetir. As fontes de energia primária são o petróleo, o gás natural, o carvão, a energia solar, a energia eólica, a energia hidroelétrica, a energia geotérmica, a biomassa e a energia nuclear. Estes recursos dividem-se em dois grupos, consoante a sua utilização: recursos energéticos não renováveis (fósseis) e recursos energéticos renováveis.

Fontes de energia secundárias

As fontes de energia que são obtidas através da conversão das fontes de energia primárias por meio de um sistema e que podem ser utilizadas mais facilmente são chamadas fontes de energia secundárias. Estes recursos são separados de acordo com a sua convertibilidade e incluem a eletricidade, a gasolina, o gasóleo, o carvão, o coque, o coque de petróleo, o gás de carvão, o gasóleo e o gás de petróleo liquefeito (GPL).

Fontes de energia de acordo com as suas utilizações

De acordo com a sua utilização, os recursos energéticos dividem-se em dois: recursos energéticos renováveis e recursos energéticos não renováveis.

- Os recursos energéticos não renováveis são recursos energéticos que se prevê que se esgotem a curto prazo, porque são utilizados e consumidos uma única vez, e dividem-se em dois: recursos fósseis (carvão, petróleo, gás natural) e recursos nucleares (urânio e tório).

- A energia renovável é definida como "uma fonte de energia que pode renovar-se a uma taxa igual à energia retirada da fonte de energia ou mais rápida do que a taxa de esgotamento da fonte".

Fontes de energia de acordo com a sua utilização

- **Não renovável**

De origem fóssil

Carvão

Óleo

Gás natural

- **Renováveis**

Hidráulico

Biomassa

Vento

Geotérmica

Solar

Hidrogénio

O estado de ser transformável

- **Primário**

Carvão

Óleo

Natural

Gás

Nuclear

Biomassa

Hidráulica

Solar

Vento

Onda

- ## Segundo

Gasolina-diesel-diesel

Secundário

carvão

Gás de ar

GPL

Fontes de energia não renováveis

Os recursos energéticos não renováveis são recursos como o carvão, o petróleo e o gás natural (carvão, petróleo e gás natural) e a energia nuclear, que estão naturalmente disponíveis em quantidades limitadas e não podem ser renovados naturalmente num determinado período de tempo. Estes recursos são formados como resultado de transformações químicas dos restos de organismos que morreram há milhões de anos em condições de alta pressão e temperatura no subsolo (World Energy Council, 2016). Além disso, embora esta energia gerada satisfaça uma grande parte da procura global de energia, causa muitos problemas, tais como problemas ambientais e questões de sustentabilidade (Panwar et al. 2011; Owusu et al. 2016).

Gás natural

É um gás incolor e inodoro que constitui uma parte significativa do consumo mundial de energia entre os recursos fósseis. O gás natural tem menos emissões de carbono em comparação com outros combustíveis fósseis, como o carvão e o petróleo. Tem também uma elevada eficiência na conversão de energia; a perda de energia é mínima. Além disso, o gás natural é um tipo de combustível fóssil e depende de reservas limitadas. Por conseguinte, não é uma fonte de energia sustentável a longo prazo (Student Energy, 2023).

Carvão

É uma substância dura e inflamável, de cor escura, que se forma como resultado da estratificação dos resíduos vegetais no subsolo ao longo do tempo.

Constitui aproximadamente metade da energia eléctrica produzida em todo o mundo. Além disso, é a fonte de energia não renovável mais comum em todo o mundo.

Óleo

É uma fonte de energia na forma líquida que ocorre naturalmente a partir dos restos de organismos microscópicos que morreram no subsolo há milhões de anos. Para além de ser utilizado como fonte de energia, é também utilizado como matéria-prima na produção de produtos como a gasolina, o gasóleo, o asfalto e o plástico. Para além de ser utilizado como fonte de energia, é também utilizado como matéria-prima na produção de produtos como a gasolina, o gasóleo, o asfalto e o plástico.

Energia nuclear

A energia nuclear é uma fonte de energia obtida pela combinação de pequenas partículas atómicas, como o hidrogénio, ou pela decomposição de grandes átomos, como o urânio. Por outras palavras, é a energia que resulta da conversão da energia térmica libertada pela desintegração dos átomos em energia eléctrica. O combustível utilizado nas centrais eléctricas que fornecem esta energia é geralmente o urânio. No entanto, o urânio não é renovável e os resíduos produzidos em resultado do seu processamento causam problemas ambientais. Por exemplo, os resíduos radioactivos resultantes das actividades dos reactores nucleares causam danos significativos ao ambiente e aos seres vivos.

Gás de xisto

É uma fonte de energia formada como resultado da matéria orgânica encontrada em lama, argila e rochas sedimentares semelhantes, enterrada sob alta temperatura e pressão durante milhões de anos. Sob alta temperatura e pressão, a matéria orgânica transforma-se em gases contendo hidrocarbonetos, como o metano (Stevens, 2012).

Fontes de energia renováveis

O consumo de energia está a aumentar de dia para dia em todo o mundo. Com o aumento da população, o desenvolvimento da tecnologia e a industrialização, a produção de energia para satisfazer este consumo está a diminuir. Uma das razões mais importantes para este facto é a diminuição gradual dos recursos energéticos não renováveis. Além disso, a produção de fontes de energia renováveis tem atraído cada vez mais atenção nos últimos anos. Como resultado do rápido esgotamento dos combustíveis fósseis em todo o mundo, a utilização de fontes de energia renováveis tornou-se importante.

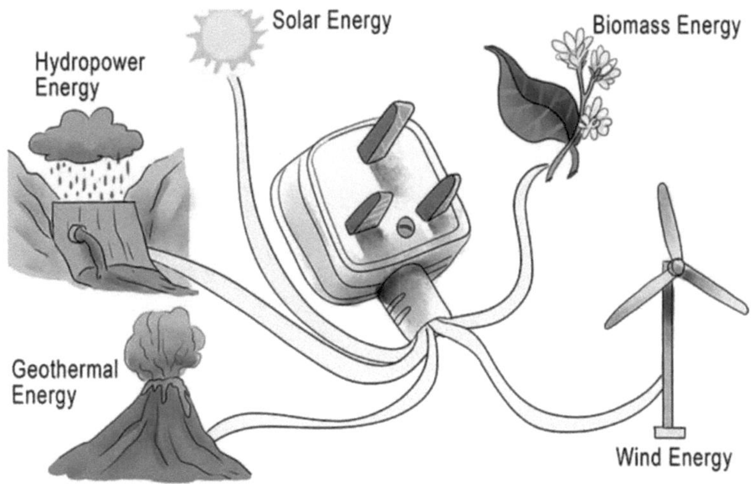

A utilização de fontes de energia renováveis está a aumentar rapidamente em muitos países devido à sua continuidade e sustentabilidade. É aceite que a utilização de fontes de energia renováveis será a fonte de energia mais importante no século XXI, se os actuais problemas técnicos e económicos forem resolvidos. Além disso, podem fornecer energia com zero ou muito poucas emissões directas de gases com efeito de estufa em comparação com os combustíveis fósseis. Além disso, as energias renováveis ocupam também um lugar importante na produção mundial de eletricidade. 23,7% do total da produção mundial de eletricidade é obtida a partir de fontes renováveis. 16,6% desta percentagem é fornecida pelas centrais hidroeléctricas, 3,7% pela energia eólica, 2% pela bioenergia, 1% pelos sistemas solares fotovoltaicos e 0,4% pela energia geotérmica e outras fontes de energia renováveis. Além disso, com o aumento das capacidades dos recursos energéticos renováveis existentes no mundo, a quota destes recursos na produção de energia eléctrica está a aumentar para, pelo menos, 30%.

Objetivo e âmbito da Lei das Energias Renováveis

As informações sobre o objetivo e o âmbito de aplicação da lei sobre a utilização de recursos energéticos renováveis para a produção de energia eléctrica (lei n.º 5346) constam do primeiro e segundo artigos.

- ARTIGO 1. - Objetivo da presente lei: Expandir a utilização de recursos energéticos renováveis para a produção de energia eléctrica, introduzir estes recursos na economia de forma fiável, económica e de alta qualidade, aumentar a diversidade de recursos, reduzir as emissões de gases com efeito de estufa, utilizar os resíduos, proteger o ambiente e desenvolver o sector transformador necessário para atingir estes objectivos.
- ARTIGO 2. - A presente lei abrange os procedimentos e princípios relativos à proteção das zonas de recursos energéticos renováveis, à certificação da energia eléctrica obtida a partir desses recursos e à utilização dos mesmos.

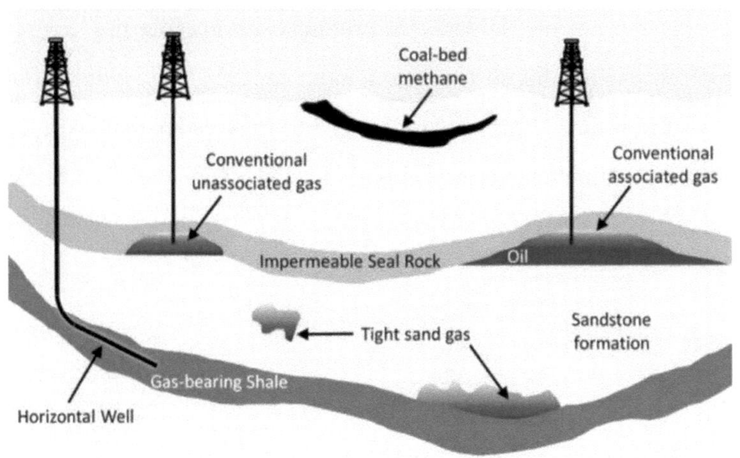

Fontes de energia renováveis

- Energia solar

- Energia eólica

- Energia geotérmica

- Energia de biomassa

- Energia dos oceanos

- Energia do hidrogénio

Energia hidráulica

- É um tipo de energia que se obtém através da conversão da energia potencial da água em energia cinética. A principal fonte deste tipo de energia é a água. A velocidade ou a lentidão do fluxo de água é um indicador para determinar a quantidade de energia. As centrais hidroeléctricas desempenham um papel na conversão da energia da água corrente em eletricidade. A produção de energia nas centrais hidroeléctricas resulta do facto de a água captada nas condutas fluir para as turbinas e estas rodarem. As turbinas estão ligadas a um gerador e ajudam a converter a energia mecânica em energia eléctrica (Lund 2010; Shortall et al. 2015).

A hidroeletricidade é uma fonte de energia que não prejudica o ambiente porque, em geral, não produz resíduos nem emissões de gases com efeito de estufa, pode ser melhorada rápida e facilmente e tem um grande potencial.

Energia eólica

O vento é o movimento do ar que ocorre como resultado das forças que surgem em consequência do aquecimento e arrefecimento desiguais da terra. A energia eólica é um tipo de energia produzida pelo movimento do fluxo de ar que cria o vento (Hansen et al. 2000-2005; Olabi et al. 2021). A energia eólica; pode surgir como um tipo de energia que não se esgota em pouco tempo, é natural, não causa chuva ácida e aquecimento atmosférico, não prejudica a vegetação natural e a saúde humana, e tem um baixo efeito radioativo (Ellabban et al. 2014; Wind Europ, 2019). Além disso, embora pareça ter a menor pegada de carbono, não prejudica o ambiente porque não produz emissões de gases com efeito de estufa e não polui o ambiente.

Energia geotérmica

É um tipo de energia obtida do interior da terra através de processos naturais. Apresenta-se sob a forma de água quente e vapor, criados pelo calor acumulado em diferentes partes da crosta terrestre, cuja temperatura é superior à temperatura normal da atmosfera e que contém mais minerais fundidos, sais e gases do que as águas subterrâneas e superficiais. Para além disso, é uma energia térmica acumulada na crosta terrestre, que flui através de fissuras e poros subterrâneos e chega à superfície (Lund 2010).

Energia solar

É a energia obtida a partir da luz solar. Para utilizar a energia solar, esta energia deve ser previamente armazenada. São as células fotovoltaicas utilizadas para a produção de eletricidade e os colectores solares térmicos utilizados para aproveitar o calor da

sol. Os colectores solares térmicos são utilizados para recolher a radiação solar tirando partido das suas propriedades térmicas; coletor solar de superfície plana e concentrada, coletor solar de focalização e concentração e piscinas solares. A energia fotovoltaica, que recolhe a energia solar eletricamente, tira partido da caraterística da luz e converte os pacotes de energia que constituem a energia total das ondas electromagnéticas da energia luminosa em energia eléctrica através do efeito fotoelétrico (Timilsina et al. 2012; Hajian et al. 2022; Sunny et al. 2022).

Energia dos oceanos

A energia oceânica é a energia armazenada no oceano resultante da interação entre o vento e as ondas. Esta energia depende da onda oceânica, da amplitude da maré, da corrente de maré, da corrente oceânica, da energia térmica oceânica e do gradiente de salinidade. A forma mais comum é a energia das ondas produzida como resultado de um vento forte que cria uma grande onda, cuja energia é captada por conversores e convertida em eletricidade.

A utilização da energia dos oceanos não prejudica o ambiente e evita situações como a perda de solo. Além disso, não produz emissões ou resíduos. Além disso, a proteção da barreira ecológica nos mares torna as energias oceânicas úteis. Em particular, a energia obtida a partir da energia das ondas pode ser utilizada para o aquecimento, pelo que a contribuição de substâncias nocivas como o carbono e o azoto para o ar é menor e não prejudica a saúde humana. A este respeito, a energia dos oceanos está entre os tipos de energia alternativa (Wright et al. 2016; Uihlein 2016).

Energia das ondas

Existem três tipos de ondas: as ondas causadas por terramotos no mar que provocam desmoronamentos no fundo do mar, as ondas causadas pelas marés e as ondas causadas pelos ventos. Embora não haja necessidade de longas filas para utilizar a energia obtida das ondas, as centrais eléctricas instaladas podem ser utilizadas para a construção de vários centros comerciais e hotéis. Uma vez que é formada no quadro da ordem da natureza, não prejudica a natureza, pelo contrário, contribui para a redução da poluição ambiental porque é uma alternativa às fontes de energia não renováveis (Saidur et al. 2011; Owusu et al. 2016).

Energia de biomassa

Energia de biomassa; é um tipo de energia obtida a partir de resíduos industriais, vegetais e animais. É vista como uma fonte de energia adequada e importante, uma vez que ajuda o desenvolvimento socioeconómico, especialmente para as zonas rurais (Zhang et al. 2014; Contreras-Trejo et al. 2022; Xu et al. 2022). Nesse sentido, a biomassa; é uma fonte de energia renovável que apresenta vantagens importantes como sustentabilidade, fácil disponibilidade, e não causa efeitos indesejáveis ao meio ambiente. Além disso, a biomassa; ocorre como resultado de plantas verdes que convertem energia solar em energia química através da fotossíntese, e aparece na forma de matéria orgânica para a sobrevivência dos seres vivos (Owusu et al. 2016).

Obtenção de biogás a partir de fontes animais

Biogás obtido a partir de fontes animais; é produzido como resultado da degradação anaeróbica de compostos orgânicos formados como resultado da atividade biológica dos animais (Pizzuti et al., 2016); É uma mistura de gás inflamável, incolor e de alto calor, e o tempo de fermentação varia dependendo do conteúdo do componente (Kadam e Penwar 2017). No biogás, metano (CH_4) 45-75%, e dióxido de carbono (CO_2) 25-55%, vapor de água (H_2O), sulfeto de hidrogénio (H_2S), nitrogénio (N_2) 0-25%, oxigénio (O_2) 0,015%. É constituída por uma mistura de gases como o hidrogénio (H_2), o monóxido de carbono (CO) e o amoníaco (NH_3) como componentes vestigiais (Pizzuti et al., 2016; Chen et al., 2017).

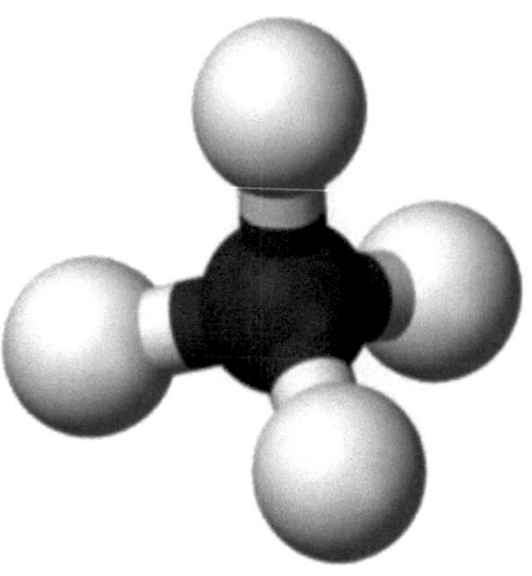

O valor calorífico muito baixo dos resíduos animais tornou-os um dos materiais orgânicos mais procurados para a produção de biogás. Nas pequenas e médias empresas pecuárias dos países desenvolvidos, as fezes e os resíduos animais são submetidos a uma degradação anaeróbia para obter biogás. Além disso, este biogás obtido é utilizado para satisfazer as necessidades energéticas da empresa.

Vantagens da produção de biogás

Os resíduos animais são lançados na natureza diretamente ou após terem sido mantidos em condições naturais durante um determinado período. Os resíduos animais lançados na natureza têm desvantagens como a poluição ambiental, as doenças, o aumento da quantidade de gases de emissão na atmosfera e o aquecimento global (Abdeshahian et al., 2016). Pelo contrário, quando utilizado como biogás; Reduz o odor que se espalha para o ambiente, reduz os agentes patogénicos microbianos, converte o gás metano em CO_2 através da queima, reciclagem de materiais residuais, assegura a reciclagem industrial, gerando eletricidade e calor, proporciona ganhos económicos, evita o aumento da quantidade de vários gases de emissão na atmosfera, como fonte de energia renovável. A sua utilização apresenta vantagens como a prevenção de diversas poluições ambientais como o ar, o solo e a água. Além disso, reduz a dependência externa de energia, ou seja, a importação de energia, garante a destruição de chuvas ácidas, minas a céu aberto, derrames de petróleo e radioatividade, e contribui para o desenvolvimento socioeconómico das zonas rurais e para o desenvolvimento da indústria. Evita perdas económicas na produção e torna a produção rentável.

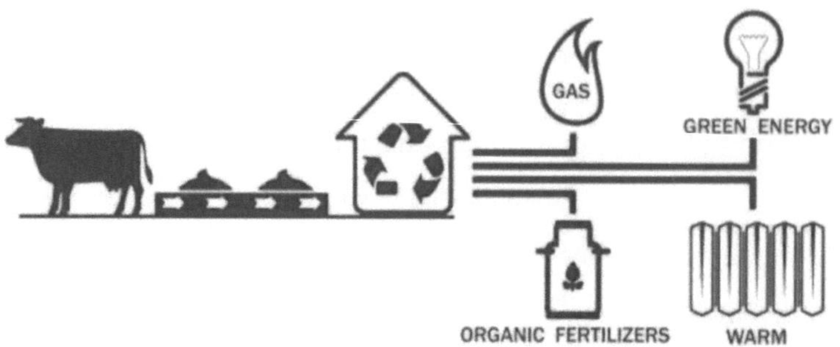

Obtenção de biogás a partir de resíduos animais

A nível mundial, 18% da quantidade de gases de emissão é produzida a partir de resíduos obtidos em explorações de produção animal (Thamsiriroj e Murphy 2013). Estes resíduos têm um teor de sólidos entre 10-30% e são obtidos a partir de animais de criação, como bovinos, ovinos, caprinos e galinhas, e são utilizados para a produção de biogás (Thamsiriroj e Murphy 2013).

Além disso, proporciona condições adequadas para o desenvolvimento de microrganismos anaeróbios devido à sua$_w$ relação carbono/azoto de 25:1 e ao seu conteúdo nutricional rico e diversificado (Thamsiriroj e Murphy 2013). A maior parte da produção de biogás a nível mundial é obtida a partir de estrume de gado.

Em média, são obtidos entre 10-20 m3 de gás metano por tonelada a partir de estrume de vacas leiteiras submetido a digestão anaeróbia devido ao seu elevado teor de água e fibra (Maranon et al. 2012). Estrume de ovinos e caprinos; Embora seja necessário um período de retenção hidráulica mais longo para a digestão anaeróbia em comparação com o estrume de aves e bovinos, a produção de biogás é menor

(Cestonaro et al., 2015).

Para utilizar o estrume de ovinos e caprinos como biogás, é necessário misturá-lo com estrume de bovinos. Porque este tem um teor de fermento mais elevado (Cestonaro et al., 2015).

O estrume de aves de capoeira é uma fonte valiosa de produção de energia que contém mais matéria orgânica biodegradável do que outros tipos (Bujoczek et al., 2000).

Uma galinha produz diariamente entre 80-125 gramas de estrume húmido. 20-25% deste estrume é matéria sólida, 55-65% da matéria sólida são sólidos voláteis.

O elevado teor de azoto do estrume de aves de capoeira dificulta a digestão anaeróbia (Abouelenien et al., 2009).

Cálculo da quantidade de biogás a ser obtida a partir de resíduos animais

A quantidade média diária de estrume dos animais de criação varia consoante a espécie e a raça do animal. A quantidade média diária de fertilizante para os bovinos é de 10-20kg/dia (húmido), tendo em conta 5-6% do peso vivo. Para os ovinos e caprinos, obtém-se uma média de 2 kg (húmidos)/de fertilizante por dia, tendo em conta 4-5% do peso vivo. Para as galinhas, são aplicados diariamente 0,08-0,1 kg de fertilizante, assumindo 3-4% do peso vivo médio diário. A quantidade média anual de estrume húmido por animal é de 3,6 toneladas de bovinos, 0,7 toneladas/ano de estrume húmido de ovinos e 0,022 toneladas/ano de estrume húmido de aves. Tendo em conta estes valores, afirma-se que são produzidos 33 m3/ano de biogás a partir de uma tonelada de estrume de bovinos, 58 m3/ano a partir de estrume de ovinos e 78 m3/ano a partir de estrume de aves. O gás metano tem o valor combustível mais elevado do biogás. O poder calorífico do gás metano varia entre 1725 MJ/m3.

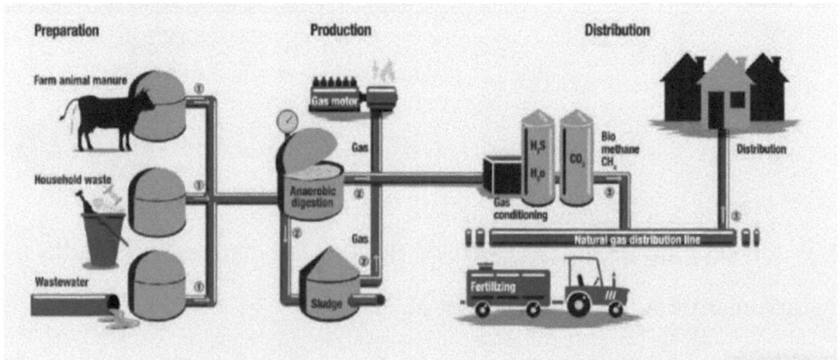

- O valor de 1 m3 de biogás em termos de energia eléctrica; 1 m3 de biogás corresponde a 4,70 kWh de energia. 1 m3 de biogás fornece a energia necessária para fazer funcionar uma lâmpada de pavio equivalente a 60 W durante 7 horas, para cozinhar três refeições para uma família de 4 pessoas e para fazer funcionar um frigorífico de 300 litros durante 3 horas.

- A quantidade de calor produzida a partir de 1 m3 de biogás é equivalente à quantidade de calor produzida a partir de 0,63 litros de gás natural, 3,47 kg de madeira, 0,43 kg de GPL e 0,8 litros de gasolina.

- Considerando o poder calorífico de 1 m3 de biogás como 4700-5700 kcal/m3, a quantidade de calor gerada é calculada como equivalente à energia fornecida por 0,43 kg de gás butano, 0,62 litros de querosene, 1,46 kg de carvão vegetal, 12,3 kg de estrume e 4,70 kWh de eletricidade.

- Foi afirmado que a energia de 1 m3 de biogás corresponde à energia necessária para fazer funcionar uma lâmpada de 60-100 watts durante 6 horas, um motor de 1 cavalo durante 2 horas, 0,7 kg de petróleo bruto e 1,25 kWh de energia eléctrica.

- Quantidade de combustível equivalente a 1 m3 de biogás; é igual a 0,66 litros de gasóleo, 0,25 m3 de propano, 0,2 m3 de butano e 0,85 kg de carvão (Anónimo 2017a).

Produção e fases do biogás

A fonte mais importante de matéria orgânica necessária para a produção de biogás são os resíduos animais. Como resultado da decomposição de resíduos animais num ambiente sem oxigénio (anaeróbico), formam-se 60-70% de metano e 30-40% de dióxido de carbono. Como resultado da decomposição anóxica, o gás metano é formado em quatro fases (Anonymous 2018a). Estas fases são a hidrólise, a formação de ácido (acidogénese), a formação de acetato (acetogénese) e a formação de metano (metanogénese) (Korres et al. 2013).

- **Hidroliz**

Na fase de hidrólise, as substâncias orgânicas complexas de cadeia longa são fermentadas por grupos bacterianos fermentativos e hidrolíticos, dissolvidas em estruturas mais simples e decompostas em substâncias orgânicas voláteis. Os hidratos de carbono, como a celulose, a hemicelulose e a lenhina, são divididos em monómeros mais pequenos, como a glucose, a pentose e a hexose; as proteínas, os polipéptidos e os aminoácidos; as gorduras são convertidas em álcool, ácido gordo e hidrogénio (Deublein e Steinhauser 2008).

- **Formação de ácidos**

Na fase hidrolítica, os polímeros como os hidratos de carbono, as gorduras e as proteínas são decompostos em pedaços mais pequenos por bactérias anaeróbias com estruturas diferentes e convertidos em monómeros. A acidogénese é a conversão dos monómeros formados após a sua decomposição em ácidos orgânicos de cadeia curta, moléculas C1-C5 (ácido butírico, ácido propiónico, acetato, ácido acético, etc.), álcoois, hidrogénio e dióxido de carbono por bactérias anaeróbias (Deublein e Steinhauser 2008).

- **Formação de acetatos**

Depois de a acidogénese as transformar em ácidos orgânicos de cadeia curta, moléculas C1-C5 (ácido butírico, ácido propiónico, acetato, ácido acético, etc.), álcoois, hidrogénio e dióxido de carbono, utilizam-nos como substratos para outras bactérias na fase de acetogénese. As bactérias acetogénicas são produtoras obrigatórias de hidrogénio, obtendo a energia necessária para as suas actividades vitais a concentrações muito baixas de hidrogénio. Quando a pressão parcial do hidrogénio é baixa, as bactérias acetogénicas produzem hidrogénio, dióxido de carbono e acetato. Quando a pressão parcial do hidrogénio é elevada, formam-se principalmente os ácidos butírico, cáprico, propiónico e valérico e o etanol. Destes produtos, os microrganismos metanogénicos só podem utilizar o acetato, o hidrogénio e o dióxido de carbono (Deublein e Steinhauser 2008). As bactérias metanogénicas obtêm o hidrogénio de que necessitam e removem do ambiente uma substância que afecta negativamente as bactérias acetogénicas.

- **Formação de metano**

A metanogénese é a fase final de formação do gás metano em condições altamente anaeróbias. Ácidos orgânicos, hidrogénio e acetato são formados como resultado da acetogénese; o biogás é obtido através da decomposição do ácido acético por microrganismos metanogénicos e da síntese de hidrogénio e dióxido de carbono, convertendo-o em metano e dióxido de carbono (Debruyn e Hilborn 2014).

Referências

Abdeshahian, P., Lim, JS., Ho, WS., Hashim, H., Lee, CT. 2016. Potencial de produção de biogás a partir de resíduos de animais de criação na Malásia. Renew. Sust. Energ., 60: 714-723.

Abouelenien, F, Nakashimada, Y, e Nishio N., 2009, "Dry mesophilic fermentation of chicken manure for production of methane by repeated batch culture," Journal of Bioscience and Bioengineering, 107:293-295.

Afazeli H, Jafari A, Rafiee S, Nosrati M (2014). "An Investigation of Biogas Production Potential from Livestock and Slaughterhouse Wastes" [Uma investigação do potencial de produção de biogás a partir de resíduos de gado e matadouros]. Renew Sustain Energy Rev, 34:380-6.

Akaydin, M. (2005). Akdeniz Üniversitesi Sifir Emisyon Kampus Stratejisi. www.akdeniz.edu.tr adresinden 04.12.2008 tarihinde indirilmi§tir.

Anonim (2017a). Elektrik I§leri Etüt idaresi, www.eie.gov.tr

Anonim (2017c), "Güney Ege Yenilenebilir Enerji Qali§ma Raporu", Güney Ege Kalkinma Ajansi, 2011, http://geka.gov.tr/Dosyalar/o_19v5e1ap8d7e12f10k2188bm508.pdf.

Anonim (2018a) http://www.biyologlar.com/biyogaz-nedir

Aoki K, Umetsu K, Nishizaki K, Takahaski S, Kishimoto T, Tani M, Hamamoto O, Misaki T. (2006) "Thermophilic Biogas Plant for Diary Manure Treatmant as Combined Power and Heat System in Cold Regions". Série de Congressos Internacionais, 1293, 238-241.

Avan H. (2014) Tokat ilindeki Hayvansal Atiklarin Biyogaz Üretim Potansiyelinin Cografi Bilgi Sistemleri (Cbs) Kullanilarak Degerlendirilmesi. Yüksek Lisans Tezi, Gaziosmanpaşa Üniversitesi, Türkiye.

BeataSliz-Szkliniarz Joachim Vogt, 2012, A GIS-based approach for evaluating the potential of biogas production from livestock manure and crops at a regional scale: A case study for the Kujawsko-Pomorskie Voivodeship, Renewable and Sustainable Energy Reviews,Volume 16:752-763.

Bujoczek, G., Oleszkiewicz, J., Sparling, R., e Cenkowski, S., 2000, "High Solid Anaerobic Digestion of Chicken Manure," Journal of Agricultural Engineering Research, vol. 76:51-60.

CamiloCornejoAnn C.Wilkie, 2010, Greenhouse gas emissions and biogas potential from livestock in Ecuador, Energy for Sustainable Development, Volume 14, Pages 256-266.

Cestonaro, T., Costa, M. S. S. de M., Costa, L. A. de M., Rozatti, M. A. T., Pereira, D. C., Lorin, H. E. F., e Carneiro, L. J., 2 015, "The anaerobic co-digestion of sheep bedding and 50% cattle manure increases biogas production and improves biofertilizer quality," Waste

Management, vol. 46, pp. 612-618.

Chen, X., Jiang, J., Li, K., Tian, S., Yan, F. 2017. Processo de reforma de biogás com eficiência energética para produzir gás de síntese: A conversão aprimorada de metano por O2. Appl. Energ., 185: 687-697.

D.I.MasséG.TalbotY.Gilbert, 2011 Produção de biogás nas explorações agrícolas: A method to reduce GHG emissions and develop more sustainable livestock operations, Animal Feed Science and Technology, Volumes 166-167:436445.

Debruyn, J., e Hilborn, D., "Anaerobic Digestion Basics,", p. 6, 2014.

Deublein, D., e Steinhauser, A., Biogas from Waste and Renewable Resources. An Introduction. WILEY-VCH Verlag GmbH & Co. KGaA, Weinheim, 2008.

Agência Internacional da Energia (2017), Estatísticas da AIE: World energy balances overview 2017. http://www.iea.org/statistics.

Agência Internacional da Energia (2017), Estatísticas da AIE: Key World Energy Statistics 2017. www.iea.org/publications/freepublications/publication/KeyWorld2017.pdf.

Kadam, R., Panwar, NL. 2017. Avanços recentes no enriquecimento de biogás e suas aplicações. Renew. Sust. Energ. Rev., 73:892-903.

Korres, N. E., Kiely, P. O., 2013. Jonathan, S. W., e Benzie, J. A. H., Bioenergia Anaeróbia por Digestão e resíduos: Utilizando biomassa agrícola e resíduos orgânicos.

Lund, J.W. Utilização direta da energia geotérmica. Energias 2010, 3, 1443-1471.

Luostarinen S. "Energy Potential of Manure in The Baltic Sea Region: Biogas Potential & incentives and Barriers for implementation". Relatório de conhecimento: Fórum Báltico para Tecnologias Inovadoras para a Gestão Sustentável do Estrume, 2013.

Marañón, E., Castrillón, L., Quiroga, G., Fernández-Nava, Y., Gómez, L., e García M. M., 2012, "Co-digestão de estrume de gado com resíduos alimentares e lamas para aumentar a produção de biogás", Waste

O.Adeoti, T.A.Ayelegun, S.O.Osho, 2014, Nigeria biogas potential from livestock manure and its estimated climate value, Renewable and Sustainable Energy Reviews, Volume 37, Pages 243-248.

Owusu, P.A.; Asumadu-Sarkodie, S. Uma revisão das fontes de energia renováveis, questões de sustentabilidade e mitigação das alterações climáticas. Cogent Eng. 2016, 3, 1167990.

Panwar, N.L.; Kaushik, S.C.; Kothari, S. Role of renewable energy sources in environmental protection (Papel das fontes de energia renováveis na proteção do ambiente):

Petros Axaopoulos, Panos Panagakis, 2003 Energy and economic analysis of biogas heated livestock buildings, Biomass and Bioenergy, Volume 24, Pages 239-248

Peyman Abdeshahian, Jeng ShiunLim, Wai ShinHo, HaslendaHashim, Chew TinLee, 2016, Potential of biogas production from farm animal waste in Malaysia, Renewable and Sustainable Energy Reviews, Volume 60, Pages 714-723.

Pizzuti, L., Martins, CA., Lacava, PT. 2016. Velocidade de combustão laminar e limites de inflamabilidade em biogás: Uma revisão da literatura. Renovar. Sust. Energ. Rev., 62: 856-865.

Rao PV, Banal SS, Dey R, Mutmuri S., 2010, "Biogas Generation Potential by Anaerobic Digestion for Sustainable Energy Development in India". Renewable and Sustainable Energy Reviews, 14, 2086-2094.

REN21, 2018. Renewables 2018 Global Status Report, Rede de Política Energética das Energias Renováveis para o Século XXI (REN21), Paris: Secretariado da REN21, www.ren21 .net/wpcontent/uploads/2018/06/17-

8652_GSR2018_FullReport_web_-1.pdf, son eri§im tarihi: 04.07.2017.

Saidur, R.; Rahim, N.A.; Islam, M.R.; Solangi, K.H. Environmental impact of wind energy (Impacto ambiental da energia eólica). Renew. Sustain.

Shortall, R.; Davidsdottir, B.; Axelsson, G. Geothermal energy for sustainable development: A review of A review. Renew. Sustain. Energy Rev. 2011, 15, 1513-1524.

Stevens, P. (2012). A revolução do gás de xisto: Developments and Changes, Energy, Environment and Resources. 08.05.2023 taririhinde https://www.ourenergypolicy.org/wp-content/uploads/2016/02/bp0812_stevens.pdf adresinden eri§ildi.

Student Energy, (2023). O que é o gás natural? 23.03.2023 tarihinde https://studentenergy.org/source/natural-gas/?gad_source=1&gclid=CjwKCAiA2pyuBhBKEiwApLaIO4eLN mTvk IJndXc uDoRO-Bc39v2PajQ5DjUise3-AXOk3oGAT0OkzhoCJ8sQAvD_BwE adresine eri§ildi. impactos de sustentabilidade e quadros de avaliação. Renovar. Sustain. Energy Rev. 2015, 44, 391-406.

Thamsiriroj, T., e Murphy, J. D., Fundamental science and engineering of the anaerobic digestion process for biogas production 104. 2013.

Vlatka Petravic-Tominac, Nikola Nastav, Mateja Buljubasic, Bozidar Santek, 2020 Estado atual da produção de biogás na Croácia, Energia, Sustentabilidade e Sociedade volume 10:8-30.

Vlatka Petravic-Tominac, Nikola Nastav, Mateja Buljubasic, Bozidar Santek, 2020, Estado atual da produção de biogás na Croácia, Energia, Sustentabilidade e Sociedade, 10:8-30.

White A J, Kirk DW, Graydon JW. 2011, "Analysis of Small Scale Biogas Utilization Systems on Ontario Cattle farms" [Análise de sistemas de utilização de biogás em pequena escala em explorações pecuárias de Ontário]. Renewable Energy, 36:10191025.

White A J, Kirk DW, Graydon JW. 2011. "Analysis of Small Scale Biogas Utilization Systems on Ontario Cattle farms" [Análise de sistemas de utilização de biogás em pequena escala em explorações de gado de Ontário]. Renewable Energy, 36:10191025.

Conselho Mundial da Energia. (2016). Recursos energéticos mundiais 2016. Conselho Mundial da Energia. 05.05.2023

Younes Noorollahi Mehdi Kheirrouz Hadi Farabi Asl HosseinYousefi Ahmad Hajinezhad 2015 Potencial de produção de biogás a partir de estrume de gado no Irão Revisões de Energias Renováveis e Sustentáveis Volume 50, Pag

Printed by Books on Demand GmbH, Norderstedt / Germany